The Story of the Plane

奇妙飞机博物馆

[捷克] 奥德里奇·鲁奇卡（Oldřich Růžička）/ 著

[捷克] 托马斯·珀尔尼奇（Tomáš Pernický）　[捷克] 纳迪亚·莫伊泽斯（Naďa Moyzesová）/ 绘

庞赋文 / 译

中国友谊出版公司

图书在版编目（CIP）数据

奇妙飞机博物馆 /（捷）奥德里奇·鲁奇卡著；
（捷）托马斯·珀尔尼奇，（捷）纳迪亚·莫伊泽斯绘；
庞赋文译 .-- 北京：中国友谊出版公司，2024.1
　　ISBN 978-7-5057-5741-7

　　Ⅰ.①奇… Ⅱ.①奥… ②托… ③纳… ④庞… Ⅲ.
①飞机 - 儿童读物 Ⅳ.① V271-49

中国国家版本馆 CIP 数据核字 (2023) 第 222060 号

著作权合同登记号　图字：01-2023-6069

The Story of the Plane
© Designed by B4U Publishing
member of Albatros Media Group
Author: Oldřich Růžička
Illustrator: Tomáš Pernický, Naďa Moyzesová
www.albatrosmedia.eu
All rights reserved.

书名	奇妙飞机博物馆
作者	[捷] 奥德里奇·鲁奇卡　著
	[捷] 托马斯·珀尔尼奇　[捷] 纳迪亚·莫伊泽斯　绘
译者	庞赋文
出版	中国友谊出版公司
发行	中国友谊出版公司
经销	新华书店
印刷	天津画中画印刷有限公司
规格	787 毫米 ×1092 毫米　12 开
	3.5 印张　34 千字
版次	2024 年 1 月第 1 版
印次	2024 年 1 月第 1 次印刷
书号	ISBN 978-7-5057-5741-7
定价	89.00 元
地址	北京市朝阳区西坝河南里 17 号楼
邮编	100028
电话	(010) 64678009

目录

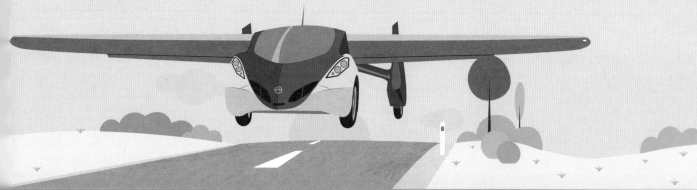

人类飞行的开端：从梦想到尝试

邀请函

....

嗨！你想飞起来吗？
请跟着我的风筝飞行吧！

....

快来加入我们吧！

人类的飞行梦

人类是最伟大的梦想家。如果人类没有梦想，丰富的发明创造就不会出现，我们也无法享受科技带来的便利。很久以前，人类就梦想着自己有一天能够像小鸟一样在天空中翱翔，俯瞰世界。但实现这个梦想绝非易事，从幻想自己能够飞行到成功造出第一架飞机，人类花了很长的时间。正是这份执着使人类实现了飞行梦。现在，就让我们一起回顾一下这段飞行追梦史吧！

➡

代达罗斯和伊卡洛斯的传说

几千年前，希腊民间就流传着关于人类能够飞行的传奇故事。传说发明家代达罗斯和他的儿子伊卡洛斯被米诺斯国王关在了克里特岛的迷宫中，为了从这里逃出去，代达罗斯用蜡和羽毛制作了两对翅膀，准备借助这两对翅膀带儿子飞出迷宫。在飞行时，伊卡洛斯飞得太高，翅膀上的蜡被太阳融化了。最终，伊卡洛斯坠入海中，这段飞行之旅以这场灾难告终。

⬅

收回起落架！

我可算飞起来了！

腾飞的中国龙

龙是中华文化的象征之一，在中华大地上，龙的"身影"随处可见。早在公元前，龙形风筝就在中华大地上腾空而起。虽然风筝比空气重，但它仍然能够飞起来。你知道这是为什么吗？"升力"正是我们解答这个问题的关键。当气流经过风筝表面时，风筝的周围会产生升力，将风筝"托"在空中。这也是现代飞机飞行的基本原理。因此，龙形风筝的出现标志着人类在飞行道路上跨出了第一步。当时，还有人想用风筝把自己送到天上去呢！

人类第一次滑翔

9世纪，一位名叫阿巴斯·伊本·菲尔纳斯的西班牙发明家完成了人类历史上的第一次滑翔。在这次滑翔试验中，他鼓足了勇气，把自己挂在了自制的滑翔机上，从山上纵身一跃。正是因为每个时代都有许多像他一样敢于冒险的发明家，我们如今才能应用如此丰富的发明创造。

呀！它真的飞起来了！

小小竹蜻蜓

发生在中国的故事还没讲完，接下来我们再讲一个关于中国传统民间玩具——竹蜻蜓的故事。早在公元前400年，中华大地上的小朋友们就开始玩竹蜻蜓了。竹蜻蜓飞起来的原理和如今的直升机的飞行原理相似。显然，中国的能工巧匠们在很早以前就懂得了空气动力学的基本定律。

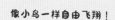

幸运女神往往会眷顾勇敢的人！

像小鸟一样自由飞翔！

插上翅膀，纵身一跃

如果说前面介绍的飞行先驱都是敢于冒险的人，那么接下来要介绍的这位发明家可以说是一个疯狂的人。11世纪，英格兰马姆斯伯里修道院里生活着一位名叫埃尔默的僧侣。一天，他为自己绑上自制的翅膀，然后从修道院的一座塔的顶端跳了下来。听到这里，你一定会想：这种行为难道不是等同于自杀吗？这个发明家真是个"疯子"！但是，在这次飞行中，埃尔默在自己落地前成功地在空中滑翔了足足200米。

天才达·芬奇和蒙哥尔费兄弟

总之，列奥纳多·达·芬奇是文艺复兴时期的一个天才！

天才达·芬奇

列奥纳多·达·芬奇是欧洲文艺复兴时期伟大的发明家。在15世纪，几乎所有科技问题的解决都离不开他的智慧。达·芬奇的头脑中装满了各种各样的奇思妙想，他创造出了许多令人赞叹不已的机械装置，这些机械装置包括自动机器、武器装备、起重机等。这位"脑洞大开"的天才发明家当然也想发明飞行器。

→

列奥纳多·达·芬奇

你能想到什么，我就能制造什么！

小朋友们，快来和我一起创造新发明吧！

达·芬奇设计的直升机

为了发明飞行器，达·芬奇准备了两个设计方案，他按照其中一个设计方案制作出来的飞行器原型样机竟然看上去和现在的直升机十分相似！

↓

达·芬奇设计的扑翼机

达·芬奇设计的第二个飞行器叫作"扑翼机"。在他原本的设想中，扑翼机可以像小鸟振翅一样扇动机翼，在空中自由来去。遗憾的是，他设计的两种飞行器都需要以飞行员的体力来提供动力。因此，达·芬奇的飞行器发明之梦最终只能停留在绘制手稿和制作模型的阶段，没能成功实现。

↓

这东西应该飞不起来吧？

伊曼纽·斯威登堡设计的飞行器

18世纪初，一位名叫伊曼纽·斯威登堡的瑞典科学家、思想家、发明家绘制了一张飞行器草图。草图中的飞行器具有一个驾驶舱和一个看起来像推进器的装置。后来，人们认为斯威登堡设计的飞行器是人类尝试设计的第一个比空气重的飞行器！
→

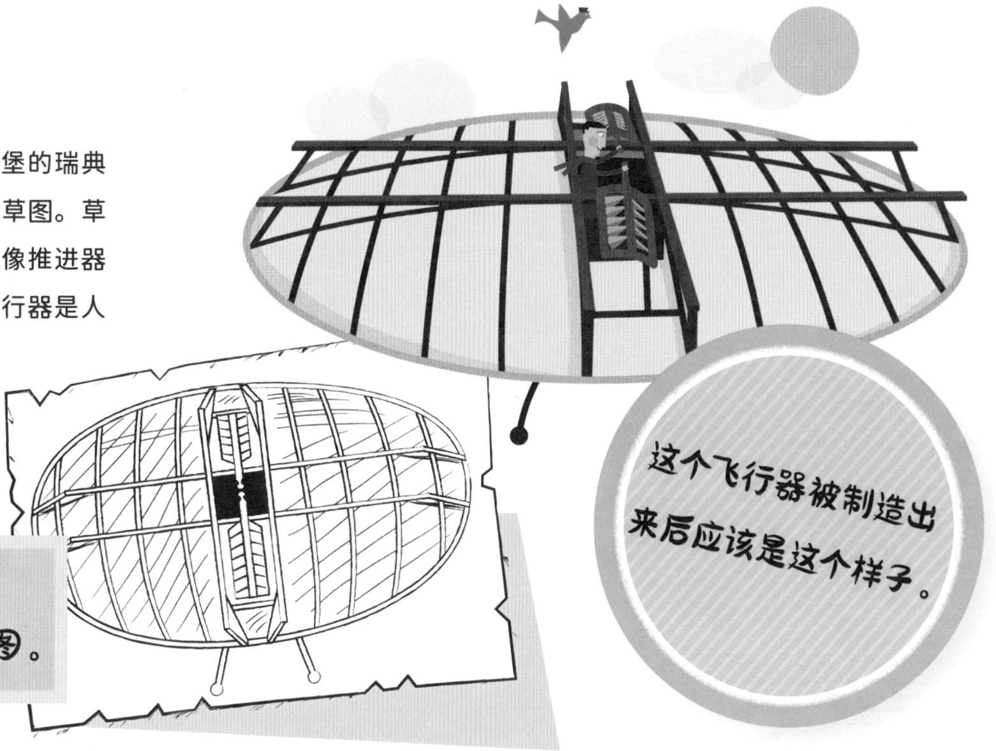

快看！
这就是斯威登堡当时画的草图。

这个飞行器被制造出来后应该是这个样子。

蒙哥尔费兄弟发明的热气球

虽然人类在1783年还是没能掌握飞行的奥秘，像小鸟一样在空中自由飞翔，但也有人靠自己制作的飞行器成功飞了起来！蒙哥尔费兄弟制作了一种叫作"热气球"的飞行器，并把鸭子、公鸡和小羊放进热气球，将它们当作"试飞员"，开启了一次奇妙的飞行之旅！尽管参加第一次试飞的"乘客"是动物，但热气球很快就被人们广泛使用，开始载人飞行了。
←

小鼠我也要乘坐热气球兜风去啦，嘻嘻！

到处都是滑翔机

在尝试飞行的过程中，航空领域的先驱和制造出各种飞行器的发明家们都遇到了重重困难。当时，人类还没有发明出发动机，无法使用它来为飞行器提供动力，所以，滑翔成了唯一可选择的飞行方式。

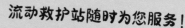

流动救护站随时为您服务！

流动救护站

石膏·拐杖
·夹板·
....
重着陆伤者专用轮椅

像鸟儿一样自由！

乔治·凯利制造的滑翔机

滑翔机是一种比空气重的飞行器。现在的滑翔机主要是通过橡胶拖绳弹射起飞的，或者是通过动力飞机拖拽起飞的。但在这两种起飞方式出现之前，滑翔机的飞行员只能让滑翔机随自己一起从悬崖上跳下去以达到起飞的目的。当然，跳下去之后发生的一切就只能听天由命了。英国发明家乔治·凯利在1804年制造的滑翔机正是这种只能随飞行员从悬崖跳下以起飞的滑翔机。

←

飞行学校

....
鸽子
&
麻雀
....

我们将成为你的飞行教官！

乔治·凯利设计的三翼滑翔机

凯利觉得两个机翼明显不够用，于是他设计了一架有3个机翼的新型滑翔机，也就是我们较为熟悉的三翼滑翔机。

→

滑翔飞行冠军——"信天翁"

小鸟能够张开翅膀借助暖气流娴熟地在空中滑翔，它们几乎不用扇动翅膀就能飞很长时间。这个现象给予了勒·布里斯制造飞行器的灵感。勒·布里斯是一名法国水手，他常常站在甲板上观看信天翁在海面滑翔的场景。他根据自己对信天翁飞行状态的观察结果制造了一架滑翔机，并为其取名为"信天翁"。在几次尝试之后，他制造的"信天翁"滑翔机终于在1868年成功起飞，而且飞行距离达数十米！但不幸的是，他在这几次尝试中因重着陆而摔断了腿。你一定可以从这个故事中体会到，发明创造从来都不是一件简单的事情。

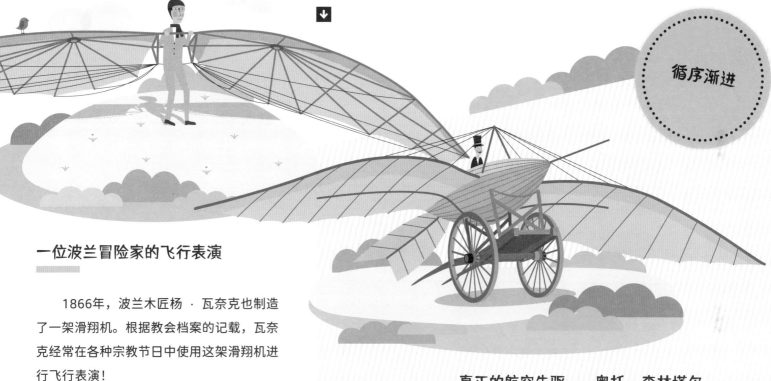

循序渐进

一位波兰冒险家的飞行表演

1866年，波兰木匠杨·瓦奈克也制造了一架滑翔机。根据教会档案的记载，瓦奈克经常在各种宗教节日中使用这架滑翔机进行飞行表演！

真正的航空先驱——奥托·李林塔尔

德国飞机设计师奥托·李林塔尔成功发明出实用的滑翔机。李林塔尔在柏林附近建造了一座假山，他在这里测试自己发明的所有飞行器的性能。不幸的是，他最终和勒·布里斯一样没能逃脱因试图实现飞行梦而去世的命运。但无论如何，李林塔尔都是一位名副其实的航空先驱。他的发明思路后来被莱特兄弟沿用。

---

1. "Mayday"是国际通用的无线电求助信号，飞行员在遇险时会在无线电中呼叫："Mayday！Mayday！Mayday！"

蒸汽时代来临

从山坡上向下滑翔的飞行方式难免会让人感到厌倦，而且滑翔机不仅飞行距离短，还无法使飞行员的安全得到保障。最重要的是，谁会愿意把笨重的滑翔机拉到山顶呢？幸运的是，人类发明了蒸汽机，飞行器的动力问题似乎得到了解决。

蒸汽客机

1842年，英国工程师威廉·塞缪尔·亨森为自己发明的蒸汽动力飞机申请了专利。起初，他想把这架蒸汽动力飞机改造成一台能够搭载乘客的客机，甚至为此和飞机设计师约翰·斯特林费罗一起创办了一家航空运输公司。在公司成立后，两人还一起分发传单宣传自己的公司，宣称自己能用飞机将乘客送到国外。但遗憾的是，由于飞机上安装的蒸汽机太重了，这架飞机根本飞不起来。

↓

约翰·斯特林费罗研制的三翼飞机

1848年，约翰·斯特林费罗研制的蒸汽动力飞机成功起飞，完成了第一次飞行。这次飞行即便算不上人类第一次成功的飞行尝试，至少也算是第一批成功的飞行尝试，是人类飞行史上的一项伟大成就。紧接着，斯特林费罗又成功发明了一架三翼飞机，这架三翼飞机上安装了一台由他自己设计的特殊蒸汽机。

↑

蒸汽机不仅变革了铁路系统，还极大地促进了当时的航空业的发展。

邀请函

请乘坐我们的
蒸汽客机
去中国吧！

· 舒适 ·
· 快速 ·
· 便捷 ·

由曲柄操控的飞艇

接下来要介绍的飞行器与其说是飞机，不如说是飞艇。飞艇是一种比空气轻的飞行器，它在人类飞行器的发明史上算是一个出色的发明设计。这种飞行器的机身框架被悬挂在一个充满气体的气囊下面。它的动力装置非常简单——由曲柄带动链轮以提供动力。这种飞艇的动力原理和自行车的很相似。1878年，这艘飞艇的设计师查尔斯·里奇驾驶飞艇成功起飞，并在试飞结束后卖出了5艘这样的飞艇！

→

飞机的发展势不可挡！

冲上云霄

来自俄罗斯的航空新生力量

说起蒸汽动力飞机，就不得不提到俄罗斯人。20世纪的俄罗斯声称自己是第一个成功发明飞机的国家。但是，无论俄罗斯海军少将亚历山大·莫扎伊斯基是不是成功发明飞机的第一人，都已经不重要了。重要的是，他发明的飞机的确能成功完成飞行任务。也难怪他能在人类航空史上占据如此重要的地位！

←

内燃机的航空首秀 —— 齐柏林飞艇

"齐柏林飞艇LZ-1号"是以其设计者的名字斐迪南·冯·齐柏林命名的，这是他制造的第一艘飞艇。这艘飞艇于1900年进行了第一次试飞。尽管在进行了3次试飞之后，LZ-1号就被废弃了，但它的出现为之后的100多艘齐柏林飞艇的成功生产奠定了坚实的基础，齐柏林飞艇也因此成为轻于空气的飞行器的传奇。值得我们注意的是，这些飞艇并非由蒸汽机提供动力，而是由戴姆勒公司设计的内燃机提供动力。齐柏林飞艇的出现预示着航空领域将拥有美好的未来！

↓

来自法国的"蒸汽蝙蝠"——"风神"

法国飞机设计师克雷芒·阿德尔制造了一架名为"风神"的蒸汽动力飞机，这架飞机的机翼看起来就像蝙蝠的翅膀一样。"风神"飞机于1890年成功试飞，虽然它的飞行高度只有20厘米，但它成功飞行了足足50米远！在今天看来，这一成果可能不值一提，但是在那个时候，这可是一项十分了不起的成就！

←

哎呀，这上面的风有点儿大！

为什么大家都在挥帽呀？

那我们也跟着大家一起挥吧！

人类终于能和鸟儿一起翱翔蓝天

现在，我们来讲一讲发生在20世纪的故事吧！在这100年里，许多里程碑式的发明诞生了，人类也有了许多新发现。伟大的人类用一些革命性的发明探索开启了20世纪的科技大门，也正是在这个世纪初，人类终于征服了蓝天！

> 你们看，这些发明家可真是天才呀！

> 它一定会拉着满满一车人回来。

新消息！.....

只需少许费用，就可以享受医疗急救服务！

救护车

专业医疗急救
★ 航空灾难 ★

飞行者一号

古话说得好："兄弟同心，其利断金。"在做某件事时，如果是亲兄弟相互配合，更是如虎添翼。在探索飞行的道路上亦是如此。来自美国的莱特兄弟齐心协力制造出了名为"飞行者一号"的飞机，并在1903年亲自驾驶这架飞机成功试飞。这架飞机不仅比空气重，而且它的动力还是由四缸内燃机提供的。把内燃机安装在比空气重的飞行器上，这在人类飞行器的发明史上可还是头一次呢！在这次试飞中，飞行者一号在空中飞行了12秒，飞行距离为36.5米。飞行者一号的发明可以说是人类飞行器发明史上的一次重大突破！

↑

> 你正亲眼见证第一架动力飞机冲上蓝天！

欧洲的第一架动力飞机

1906年，距离飞行者一号的首次试飞已经过去了3年。这时，一位名叫阿尔贝托·桑托斯-杜蒙特的巴西人追随着莱特兄弟的脚步，驾驶自己制造的"14-比斯"飞机飞向了蓝天。虽然桑托斯-杜蒙特只能算是欧洲大陆上的航空第一人，但他也为世界航空领域的发展做出了不小的贡献。

→

布莱里奥11号

"布莱里奥11号"飞机的发明者是法国航空先驱路易·布莱里奥。人们因这架飞机机翼特殊的安装位置而把它称为"上单翼飞机"。不得不说,布莱里奥11号飞机是真的很漂亮!除此之外,它的性能也很优秀。布莱里奥凭借这架飞机打破了多项飞行纪录,最重要的是,他是人类历史上第一位驾驶飞机成功飞越英吉利海峡的人!

→

紧要关头

虽然飞机已经诞生,而且它里面的装备几乎齐全,但是,要想坐在这个装有发动机的木制机器里面飞上天空,还是需要具备很大的勇气的!当飞机发动机损坏或出现其他技术故障的时候,飞行员急需一样东西来保护自己不会随飞机一起掉下去摔伤。于是,降落伞诞生了。

→

我最喜欢布莱里奥号飞机了!

降落伞的诞生

1783年,法国物理学家路易-塞巴斯蒂安·勒诺尔芒爬上了蒙彼利埃天文台。他戴好自己发明的降落伞后,从高处纵身一跃。最终,他竟然安全落地!从此,世界上就有了真正意义上的降落伞。接下来人们要做的就是不断对降落伞的功能进行完善。

←

又见达·芬奇

你知道吗?其实早在1483年,达·芬奇就首次绘制出了降落伞的雏形。在过去的几个世纪里,许多发明家也都尝试过发明降落伞。但是,他们大多不够坚定,或者不够勇敢,又或者对自己的发明成果没有什么信心,所以他们都没有亲自验证自己发明的降落伞是否有效,而是选择把动物放在降落伞下方的篮子里以对降落伞的性能进行测试。

←

第一次世界大战中的降落伞

虽然从20世纪初开始,使用降落伞就已经成了飞行员最后的逃生手段,但是在第一次世界大战期间,军方并不允许飞行员把降落伞带上飞机。因为军队指挥官担心,如果飞机坠毁,飞行员可能会过早地跳伞逃生,这样一来,他们就不会想尽办法确保飞机安全降落了。

↓

接住我!

降落伞在我这儿呢,你还是专心让飞机着陆吧!

飞行探索
永无止境

原来里希特霍芬是王牌飞行员呀！

曼弗雷德·冯·里希特霍芬

从前，"发明怪人"们总是执着于戴着"木头翅膀"，不顾自己的生命安危，从山顶往下跳。但到了20世纪初，发明飞行器已经不再只是这群"发明怪人"的执念。许多人都意识到，人类是可以飞向蓝天的。于是，在接下来的几十年里，设计师们以十分惊人的速度对飞机的外观和功能进行了完善。

第一次世界大战期间的航空故事

第一次世界大战是从1914年开始的，于1918年结束。在战争期间，飞机在支援、掩护地面部队方面发挥了重要作用。交战双方的飞行员们驾驶着各自的双翼飞机或三翼飞机在战场上空激战，他们很快就成为令人称颂的英雄。如果一位飞行员击落了5架以上的敌机，那么他就会被尊称为"王牌飞行员"！曼弗雷德·冯·里希特霍芬正是德国著名的王牌飞行员。在第一次世界大战期间，他驾驶福克Dr-1单座三翼战斗机击落了80架敌机。
↑

美国王牌飞行员

埃迪·里肯巴克是第一次世界大战期间美国最杰出的飞行员，他总共击落了26架敌机。他当时驾驶的斯帕德S.XIII战斗机是一款由法国生产的双翼战斗机，这款战斗机是当时最好的一款战斗机之一。
↑

大西洋彼岸

第一次世界大战结束后，人们的注意力很快就回到了一些更实用的东西上。在航空领域，航空运输可大有用处，这在当时也成为人们津津乐道的话题。飞机设计师们意识到，飞机或许能缩短漫长的旅途时间，给人们的生活带来极大的便利。因此，飞越大西洋成了人们当时面临的一大挑战。
→

你想不想试一

维克斯公司研制的"维米"轰炸机

历史上第一架成功飞越大西洋的飞机是由英国维克斯公司生产的"维米"轰炸机。1919年6月，飞行员约翰·阿尔科克和亚瑟·惠顿·布朗驾驶这架轰炸机从美国东海岸出发，踏上了飞越大西洋的征程。途中，两人遇上了大雾和暴风雨，更糟糕的是，机翼的表面结了一层厚厚的冰霜。飞机的飞行高度也因此开始下降，直逼海平面。勇敢的布朗在飞机飞行的过程中像表演杂技一样爬出了驾驶舱，趴在机翼上，将上面的冰霜除去。最终，两人成功飞越了大西洋，在爱尔兰安全降落。此次飞行共耗时约16小时30分钟。

→

R34飞艇

另一位试图飞越大西洋的人是英国飞行员乔治·赫伯特·斯科特。他还是一名工程师，是负责指挥R34飞艇的机组人员。他希望自己能成为飞越大西洋的第一人，但最终，斯科特还是落后了两周，飞行员约翰·阿尔科克和亚瑟·惠顿·布朗率先获得了"首次飞越大西洋"的荣誉。但是，从另一个角度看，斯科特仍然可以成为第一名——他可是第一位由东向西飞越大西洋的人。此次飞行共耗时108个小时。

←

我快等不及到达那里了！

奥特洛奖

雷蒙德·奥特洛是一位法裔美国人，他在纽约开了一家酒店。这位酒店老板设立了25 000美元的奖金——谁能成为第一位成功从纽约跨越大西洋抵达巴黎的人，谁就可以获得这笔丰厚的奖金。1927年的春天，许多冒险家都摩拳擦掌，争相挑战。最终，美国飞行员查尔斯·林德伯格驾驶"圣路易斯精神号"飞机成功完成了这一挑战，拿到了这笔丰厚的奖金。值得一提的是，在瑞安航空公司的设计师的帮助下，林德伯格仅用6天的时间就制造出了圣路易斯精神号飞机！

←

悬赏
25 000美元
★ ★ ★
悬赏对象：
首位跨越大西洋、
完成纽约—巴黎航线的飞行员！

形形色色
的飞行器

现在，让我们聊一聊飞行器是如何分类的吧！要想让飞机成功飞起来，就必须存在一种能把飞机托在空中的力，这种力叫作"升力"。如果飞行器比空气轻，那么它很容易就能飞起来。相信你肯定早就见过这一现象了！比如，往气球里打入氦气或温度较高的气体之后，气球就会飞到我们头顶的天花板上。

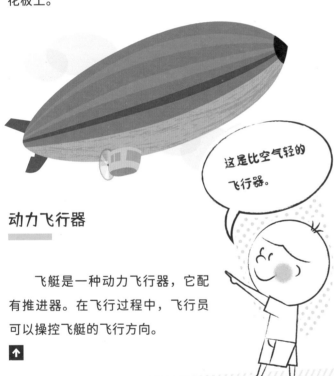

这是比空气轻的飞行器。

动力飞行器

飞艇是一种动力飞行器，它配有推进器。在飞行过程中，飞行员可以操控飞艇的飞行方向。

⬆

无动力飞行器

比空气轻的飞行器可以是无动力飞行器。热气球就属于比空气轻的无动力飞行器，人们只能依靠气流对它进行操控。在不同的高度，气流的方向是不一样的。因此，飞行员需要改变飞行高度，以控制热气球的飞行方向。

➡

比空气轻的飞行器

比空气轻的飞行器利用空气静升力在空中飞行，而空气静升力的大小是由飞行器的体积大小决定的，这和船浮在水面上的原理是一样的。这类飞行器包括热气球和充满比空气轻的气体的飞艇。一开始，人们用氢气来填充飞艇，但是氢气容易发生爆炸，因此，填充氢气的飞艇的飞行往往以灾难告终。为了保证飞行安全，人们不再用氢气填充飞艇，而是改用氦气填充。传统的热气球则是用空气填充的，热气球起飞时，内部空气会被燃烧器加热，变得更轻，这样一来，热气球就能飞起来了。

我和空气哪个轻？

比空气重的飞行器

这一类飞行器利用自身在空气中运动时产生的升力在空中飞行。关于这一部分的详细内容，稍后我们会在书中为你一一介绍。

滑翔机

滑翔机是一种比空气重但不具备动力装置的飞行器，它和热气球一样都是利用上升气流在空中飞行。滑翔机的起飞方式通常有两种，要么用拖绳将滑翔机与动力飞机连接起来，靠飞机拖拽起飞；要么用拖绳将滑翔机与绞盘车连接起来，靠绞盘车拉动起飞。虽然滑翔机没有发动机，但是一名优秀的飞行员往往能驾驶滑翔机在空中飞行好几个小时、好几千米呢！

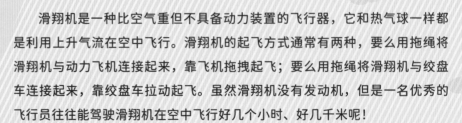

⬆

悬挂式滑翔机

悬挂式滑翔机与滑翔伞一样，都需要飞行员控制飞行器从高山上往下俯冲才能起飞。不过，与滑翔伞不同的是，悬挂式滑翔机具有龙骨结构，飞行员会待在龙骨下方的一个特殊的袋子里。⬇

滑翔伞

滑翔伞也是一种比空气重的飞行器，它的工作原理其实和滑翔机差不多。飞行员通常会将自己悬挂在滑翔伞上，从山上或高处跳下来以起飞。➡

要下山啦！

乐趣无穷

动力飞机

这类飞机是由发动机提供动力的。让我们来看看飞机的发动机都有哪些种类吧！飞机发动机主要包括活塞式发动机、涡轮螺旋桨发动机、涡轮风扇发动机、喷气式发动机和火箭发动机。活塞式发动机常用于小型运动类飞机，涡轮螺旋桨发动机常用于小型客机，涡轮风扇发动机常用于大型客机，喷气式发动机常用于超音速飞机和战斗机，火箭发动机则常用于飞得最快的飞机！⬆

直升机

直升机是一种特殊的比空气重的飞行器，它通过螺旋桨旋转获得动力。⬇

这是比空气重的飞行器。

火箭

火箭也是一种比空气重的飞行器，它是通过火箭发动机获得动力的。⬆

飞机是如何飞起来的

大多数人在第一次见到大型客机后，都会思考这样一个问题：这个好几十吨重的大家伙是怎么飞起来的？它又是怎么把好几百名乘客安全送到目的地的呢？"升力"正是解答这个问题的关键。

这可不是什么神奇的魔法，而是普通的物理现象！

A	机翼前缘
B	机翼后缘
C	较快的气流速度
D	较慢的气流速度
E	升力

升力

飞机在空中飞行时，空气会在机翼周围流动。由于机翼的形状很特殊，流过机翼上表面的气流速度会比下表面的气流速度要快，因此，机翼的上表面和下表面就会分别形成一个低压区和一个高压区，如此一来，升力便产生了。这时，向上抬起机翼，飞机就能飞起来了。我们通常把机翼的前端称为"机翼前缘"，把机翼的后端称为"机翼后缘"。机翼前缘把流经机翼的气流分成了两部分，一部分沿着机翼上表面流动，另一部分则沿着机翼下表面流动，这两部分气流最终会在机翼后缘交汇。

驾驶飞机

飞机介绍

A	方向舵
B	升降舵
C	副翼
D	襟翼
E	纵轴
F	垂直轴
G	横轴

改变飞行方向的方向舵

方向舵的作用是让飞机绕着垂直轴运动。如果飞行员将方向舵往左偏转，那么飞机就会往左飞，反之，飞机就会往右飞。←

襟翼能够增大或减小机翼受到的升力。

控制飞机滚转的副翼

当副翼向上或向下偏转时，飞机就会绕着纵轴运动，我们把这一运动称为"滚转"。→

飞行员会使用升降舵控制飞机升降。

飞行员的身体得有强大的承受能力

飞行员通过操纵方向舵控制飞机左右转弯。

飞机的飞行轨迹

飞机很少只朝一个方向飞行，事实上，飞机通常会同时朝着多个方向飞行，比如同时往右和往上飞，接着又同时往左和往下飞。因此，飞机最终的飞行动作和飞行方向往往是各个舵面相互作用的结果。要想控制飞机准确地沿着航线飞行，飞行员必须能够熟练地同时操作所有舵面。↑

控制飞行高度的升降舵

升降舵的作用是让飞机绕着横轴运动，也就是我们所说的"俯仰"。如果升降舵向下偏转，那么飞机的飞行高度就会下降，反之，飞行高度就会上升。←

不对！要往前推操纵杆，飞机才能向上飞！

客机驾驶舱大揭秘

相信你现在已经知道应该如何驾驶飞机了。滑翔机和小型运动类飞机的飞行操作都比较简单，而当你登上大型客机的时候，就会发现飞行员需要熟练操作很多设备才能让客机成功起飞并安全着陆。

A 主飞行显示器

大型客机的驾驶舱里有很多设备，主飞行显示器就是其中的一个，它能够显示当前飞机与人工地平线的相对位置。当天气不好或能见度较差时，飞行员就会通过主飞行显示器确定飞机在空中的姿态。

C 高度表

高度表看起来就像一个钟表，它有两个指针，功能是显示飞机的飞行高度。需要注意的是，这里提到的飞行高度并不是指飞机的离地高度，而是指海拔高度。飞机的海拔高度与标高之间的差值才是离地高度。高度表的工作原理是通过测量飞机周围的气压确定飞行高度，因为气压会随着海拔高度的变化而改变。

B 无线电测向仪

无线电测向仪是用来确定客机自身所在位置的。

H 脚踏板

飞机驾驶舱的地面上装有方向舵脚踏板。飞行员可以用方向舵脚踏板"刹车"，还能把脚搭在上面休息。

D 雷达显示器

飞机的雷达可以探测飞机周围的物体，雷达显示器的作用就是显示飞机雷达的探测信息。多亏有了飞机雷达，飞行员才能知道自己所驾驶的飞机附近是否有其他飞机，避免与其他飞机相撞。

F 推力杆

飞机发动机的推力是由飞行员操纵推力杆控制的。如果一台飞机上有多台发动机，那么每台发动机都要配备一个推力杆。

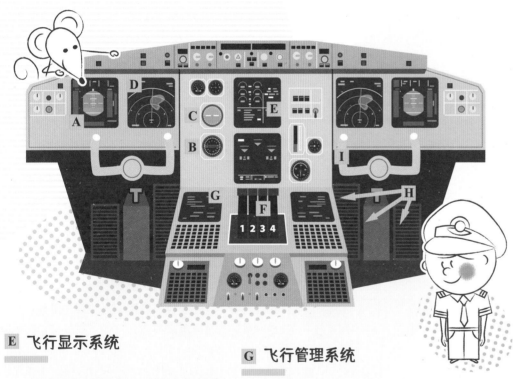

E 飞行显示系统

这个设备可以显示飞机飞行时的所有信息，这样一来，飞行员就能随时了解飞机的各个部件是否在正常工作了。

G 飞行管理系统

飞行员会把飞机重量、飞机燃油量、飞行航线和飞行速度等信息录入飞行管理系统，这些信息能够帮助计算机运行飞机的自动驾驶功能。除了在紧急情况下需要飞行员驾驶飞机，计算机几乎可以在整个飞行过程中自动驾驶飞机！

I 驾驶盘

驾驶盘是一种特殊的方向盘，用来控制飞机的升降舵和副翼。飞行员可以通过操纵驾驶盘和方向舵脚踏板让飞机转弯、上升和下降。

客机的构成

下面这张图片为我们介绍的是这架大飞机的基本组成部分。这个结构复杂的大机器每天都会把来自世界各地的上千名乘客送往目的地！

→

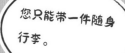

A	驾驶舱
B	头等舱
C	上层甲板
D	下层甲板
E	前起落架
F	经济舱
G	舱门
H	机尾
I	方向舵
J	机翼

K	翼肋
L	副翼
M	襟翼
N	升降舵
O	涡轮风扇发动机
P	气象雷达
Q	货舱

您只能带一件随身行李。

你真的觉得这算随身行李吗？

世界上最大的客机

接下来我们要介绍的飞机一定能让你感受到，客机真的是一个会飞的庞然大物，并且驾驶客机的飞行员真是太不容易了！让我们一起来看看"空中客车A380"吧，这可是世界上最大的客机！这个庞然大物全长72米，翼展达80米！即使它的最大重量达590 000千克，也还是能够轻松起飞！这架世界上最大的客机可以搭载855名乘客。它也太大了吧！

↑

飞机中的
巨人

协和式飞机

协和式飞机虽然没有空中客车A380那么大，但它也是一架值得一提的飞机，因为它是一架超音速客机！声音在地球表面的传播速度为1225千米/时，而超音速客机的飞行速度比音速还要快。协和式飞机能够搭载152名乘客，仅需3小时就能从纽约飞抵伦敦！但遗憾的是，协和式飞机上曾经发生过一起事故，飞机上的所有人都在这场事故中遇难了。因此，出于安全考虑，协和式飞机被永久停飞了。

↓

打破航空纪录

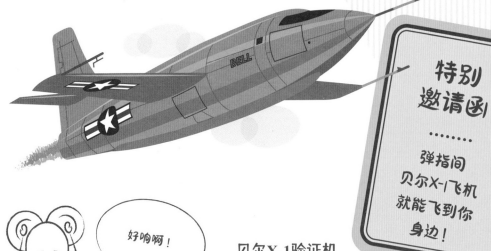

这时，人们不仅征服了天空，还利用现代飞行器搭载许多乘客到达远方。但人们并没有满足于此，他们想尽可能地缩短旅途时间。那么，人们就需要研发出速度更快的飞机。前面提到的协和式飞机就是重要的研发成果之一。接下来让我们一起看看还有哪些飞机的出现推动了航空领域前沿技术的发展吧！

好响啊！

这叫音爆。

特别邀请函
………
弹指间贝尔X-1飞机就能飞到你身边！

贝尔X-1验证机

1947年，贝尔X-1验证机成为世界上第一架飞行速度超过音速的飞机。首位进行超音速飞行的人是美国飞行员查尔斯·艾伍德·耶格尔。在这次飞行中，飞机的飞行速度达到了1298.55千米/时。在这里告诉你一个有趣的小知识：当飞机的飞行速度快达到音速时，我们会听到震耳欲聋的响声！这一现象被称为"音爆"。
⬆

X-43高超音速飞机

X-43高超音速飞机上安装了一台特殊的发动机。实际上，这架飞机是无人机，所以飞机里面既没有飞行员，也没有乘客。X-43高超音速飞机由B-52轰炸机送上天空，在火箭发动机的助推下，它的飞行速度可以达到5000千米/时。在这之后，X-43高超音速飞机会启动特殊的冲压式喷气发动机。冲压式喷气发动机启动后，X-43高超音速飞机的飞行速度可以达到10 000千米/时！难怪这架飞机里面没有人！
⬇

"黑鸟"侦察机

1976年，洛克希德公司生产的SR-71"黑鸟"侦察机打破了载人飞行器的速度纪录，创下了3529.6千米/时的最新飞行纪录。如今，安装了特殊发动机的飞机比"黑鸟"飞得还要快！
⬆

这里没人坐，那小鼠我坐。

猎鹰HTV-2号超音速飞机

如果你觉得刚刚提到的那些飞机的飞行速度都还不够快的话，那么接下来要介绍的这架飞机你一定会很感兴趣。美国军方目前正在测试一架代号为HTV-2的超音速飞机，这架飞机的飞行速度计划达到21 000千米/时！它可以在1小时之内飞到世界各地！

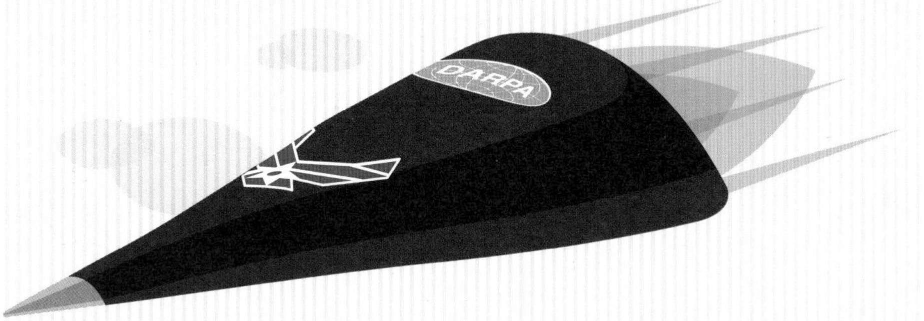

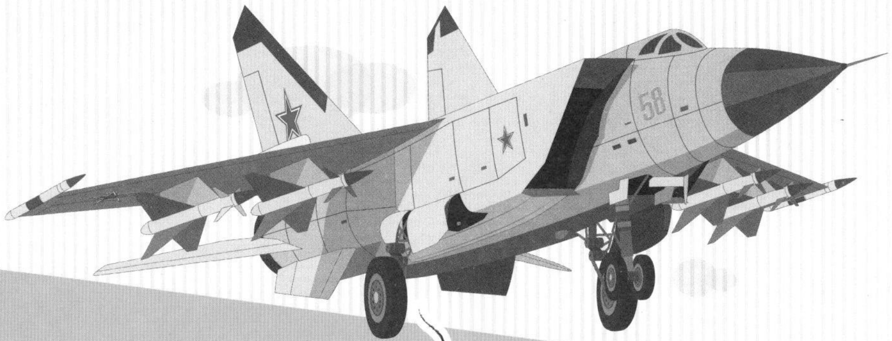

→

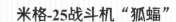

米格-25战斗机"狐蝠"

1977年，俄罗斯的米格-25"狐蝠"战斗机的飞行高度达到了37 650米。这架飞机目前仍在使用中。

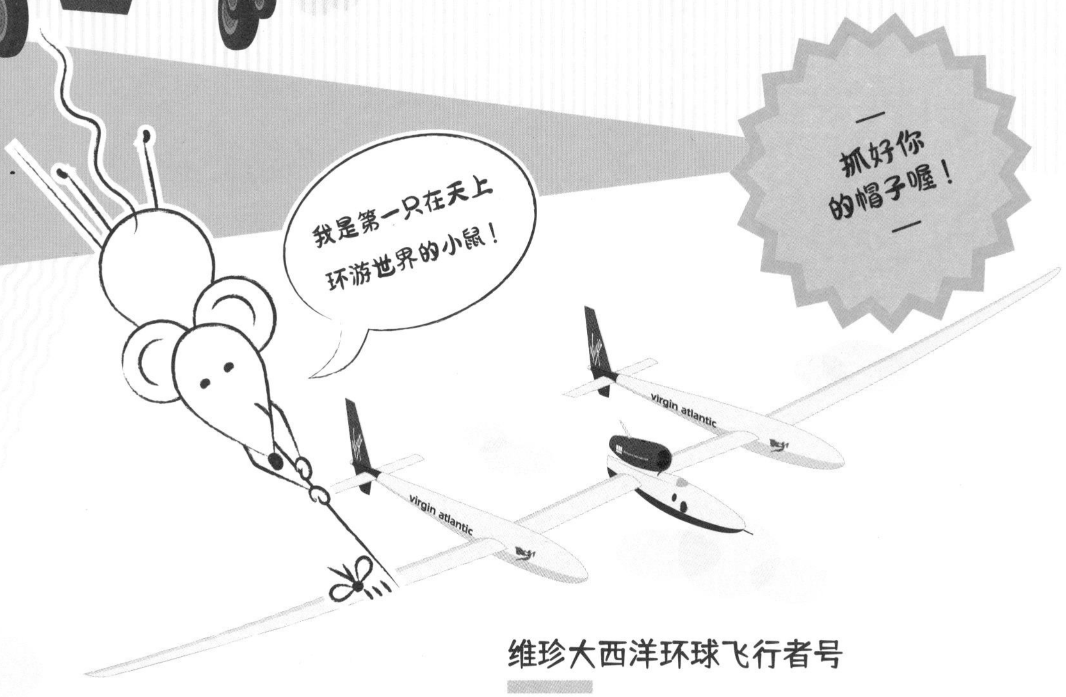

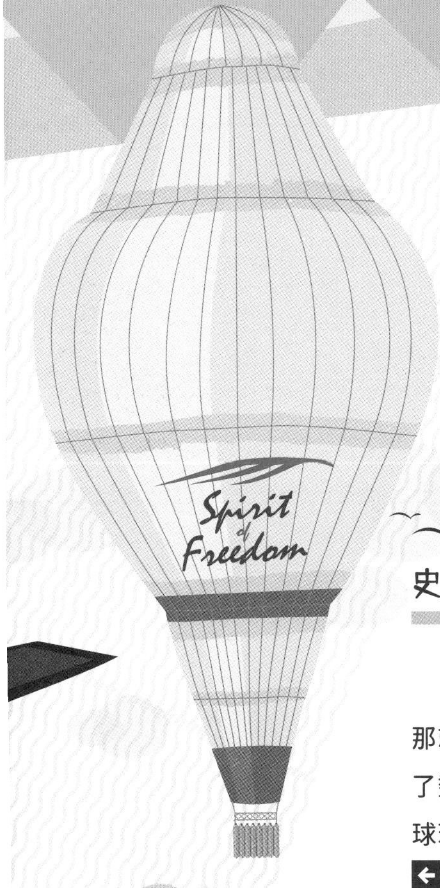

←

我是第一只在天上环游世界的小鼠！

抓好你的帽子喔！

维珍大西洋环球飞行者号

2005年，在没有燃油补给的情况下，史蒂夫·福塞特驾驶"维珍大西洋环球飞行者号"飞机完成了环球飞行，创下了世界纪录。遗憾的是，2007年，福塞特在内华达州的沙漠上空飞行时神秘失踪了。

↑

史蒂夫·福塞特

既然我们聊到了人类在航空领域创下的纪录，那就不得不提到史蒂夫·福塞特了。他是一位创下了数十项航空纪录的亿万富翁，还是独自驾驶热气球环游世界的第一人！

←

Spirit of Freedom

横滚、翻筋斗：享受飞行乐趣

回顾一下人类历史，每当有新发明为人们带来了极大的便利时，他们就会思考这些新发明能否为自己的生活增添乐趣。汽车的出现就是一个很好的例子。一旦汽车的性能达到要求且速度变快，赛车运动就会如雨后春笋般涌现。飞机也不例外。从飞机能够安全升空的那一刻起，冒险家们就对它打起了主意，想要利用它为生活增添几分趣味，打算驾驶飞机和其他对手一决高下！

特技类飞机的分类

特技飞行通常由飞行员驾驶动力飞机完成。这种动力飞机根据性能的不同可以分为训练机和无限制级特技飞机。事实上，滑翔机也会被用作特技类飞机。你没有听错，飞行员驾驶滑翔机也可以完成令人心惊胆战的特技飞行！

特技飞行

你们有没有听说过这种娱乐方式——它能让飞行员的肾上腺素飙升，却会让普通人头晕、想吐？没错，它就是特技飞行！特技飞行是一项体育赛事，在比赛中，飞行员会驾驶特殊的特技类飞机在预设赛道上飞行，并在赛道上完成表演，如转弯、横滚、旋转、尾旋等特技飞行动作。在飞行员完成一系列特技飞行动作之后，评委们会对他们的表演进行打分。

飞行体验

如果你想体验一下特技飞行员完成特技飞行动作的感觉，那么可以考虑参加包含特技飞行的飞行体验项目。但是在这里要提醒你一下，在体验之前最好不要吃东西！

真是太精彩了！

也就一般般吧！

特技飞行动作

特技飞行员在比赛中必须按固定顺序完成特技飞行动作。评委们会重点关注飞行员所做动作是否完整、优雅。下面我们将为你介绍3种特技飞行动作，让我们一起来看看特技飞行员们都能呈现出哪些令人惊叹的表演吧！

筋斗

说出来你可能不信，通常来说，"筋斗"是特技飞行中最简单的动作。因为在整个动作流程中，飞行员只需要操控升降舵就可以完成筋斗机动动作，并不需要使其他舵面进行复杂的配合。在做筋斗机动动作的时候，飞行员会驾驶飞机全力加速飞行，然后迅速爬升，将飞机翻转过来，最后回到原来的位置。在这一过程中，最重要的是要让飞机具有足够快的速度。

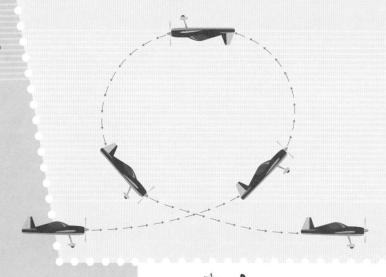

尾旋

当飞行员做出名为"尾旋"的特技动作时，飞机会围绕垂直轴旋转并垂直下落。要想顺利完成该动作，飞行员不仅需要把握好尾旋的角度，还需要使各舵面相互配合。

古巴8字

"古巴8字"是一种高级特技飞行动作，这种动作由筋斗和尾旋两个动作组成。飞行员会先驾驶飞机做一个筋斗机动动作，然后在飞机下降时马上做一个尾旋机动动作，使飞机保持水平。最后，飞行员会再做一个方向相反的筋斗机动动作，并同样接上一个尾旋机动动作，使飞机保持水平。

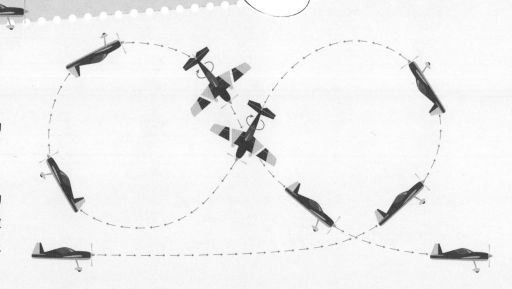

红牛特技飞行赛

红牛特技飞行赛是一项结合了飞行特技和速度的比赛。参赛飞行员必须在最短的时间内完成所有规定的特技动作。该赛事从2003年开始举办，由红牛公司赞助。到了2005年，红牛特技飞行赛已经发展成了世界锦标赛中的一部分。

参赛的飞行员首先要完成4轮试飞，第4轮试飞的成绩决定了
参赛选手在淘汰赛中的比赛顺序。不过，最终只有14名选手能够
从淘汰赛中晋级，继续参加后面的比赛。

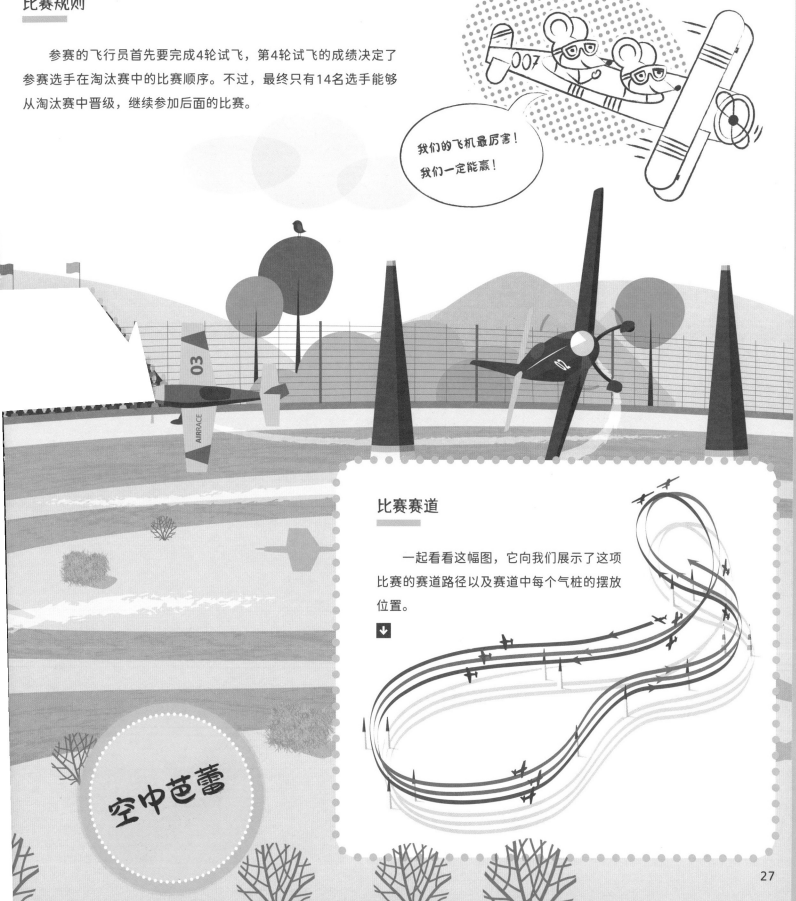

比赛赛道

一起看看这幅图，它向我们展示了这项
比赛的赛道路径以及赛道中每个气桩的摆放
位置。

展望航空未来

科技的脚步是永远不会停下来的。飞机研发技术在不断进步，人类在航空领域的潜力也在不断提升。接下来，让我们一起来看看那些势必会在未来成为主流飞行器的飞机吧！

飞机设计师们正在考虑设计新的机身形状。

哇！

A2超音速客机

A2超音速客机是一架为未来的航空领域设计的飞机，它的动力来自氢气。飞机设计师告诉我们，这架飞机的大小将是当前世界上最大的飞机——空中客车A380的两倍！A2超音速客机的飞行速度预计达到5000千米/时。该飞机计划在2030年后投入运营。

↑

现实中的宇宙终点之旅

1.《宇宙终点之旅》为1963年拍摄的科幻电影，其中包含有飞出太阳系的故事情节。

未来客机

在未来，客机的机身形状将会发生改变。看看这幅图片，几十年后，天空中巡航的客机可能就长这个样子。

↑

太阳能飞机

客机公司的设计团队重点关注的可不仅仅是未来客机的机身形状，他们还对客机的可替代动力源十分感兴趣。毫无疑问，安装了太阳能发动机的飞机未来肯定会成为主流的飞行器！

→

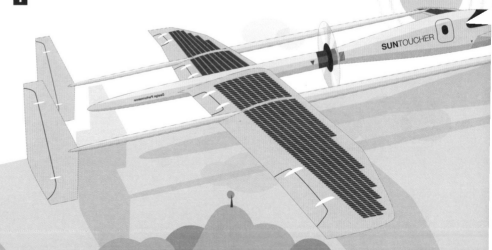

X系列飞机

你知道吗？NASA是美国国家航空航天局的简称。几十年来，NASA一直致力于研究X系列飞机。X系列飞机是一种试验机，这些飞机能够决定航空领域未来的发展方向。不知道你是否记得，我们在前文提到了X系列飞机。书中介绍的X-43高超音速飞机就是我们现在所说的X系列飞机。一直以来，X系列飞机屡创航空纪录，推动航空领域不断发展。

X系列飞机：
航空纪录的
保持者

不明飞行物！我当然知道这是我的啦！

X-37B空天战斗机

在X系列验证机中，有一架用来测试新技术的美国无人太空飞机，这些新技术能够让太空飞行器停留在地球轨道上。

我是一只"X型小鼠"！

热门飞机：
X系列验证机
航空领域
的未来

探索军用飞机

在不列颠之战中，交战双方的飞行员英勇作战，向世人展示了他们精湛的飞行技术！

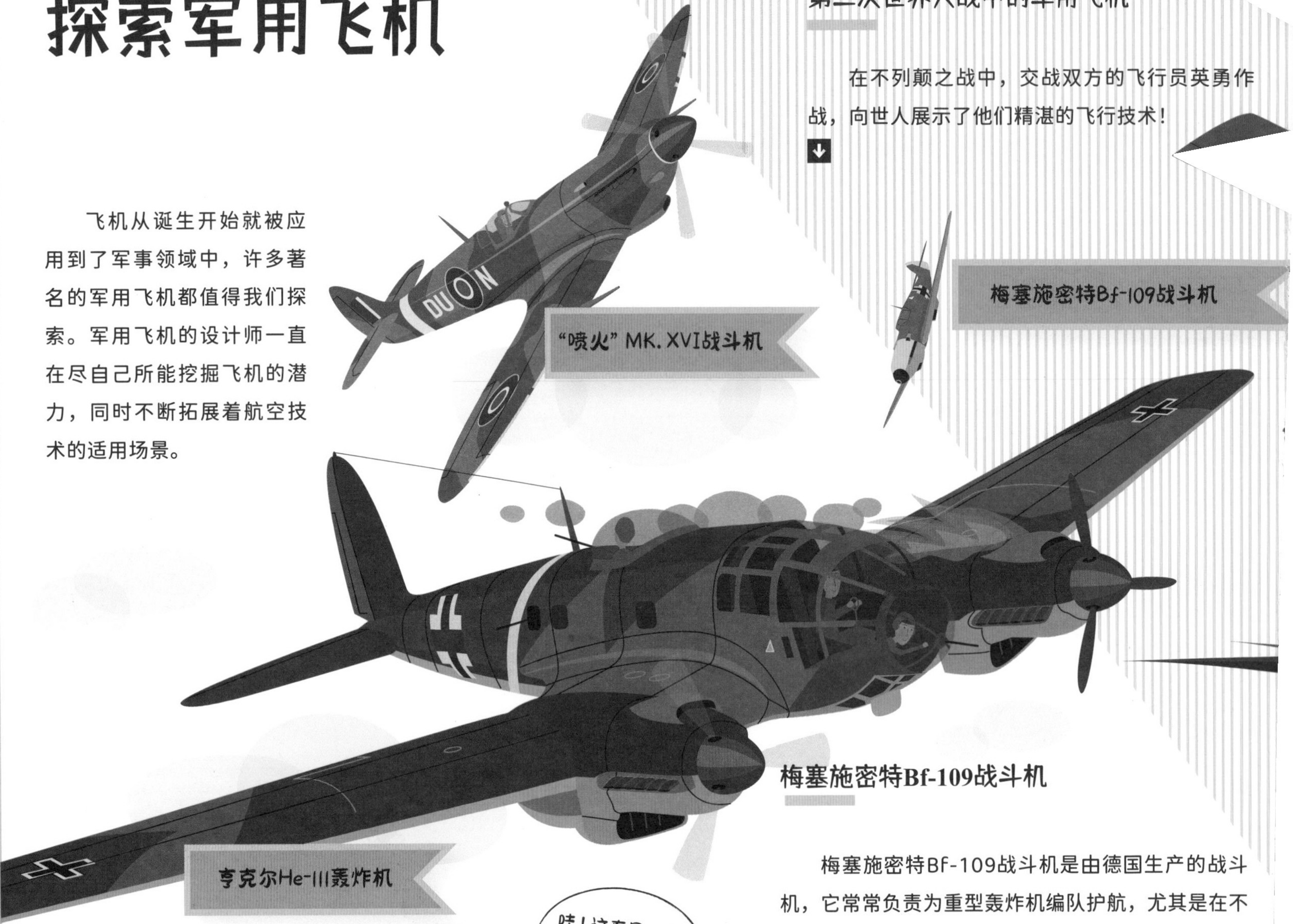

飞机从诞生开始就被应用到了军事领域中，许多著名的军用飞机都值得我们探索。军用飞机的设计师一直在尽自己所能挖掘飞机的潜力，同时不断拓展着航空技术的适用场景。

"喷火"MK.XVI战斗机

梅塞施密特Bf-109战斗机

梅塞施密特Bf-109战斗机

亨克尔He-111轰炸机

梅塞施密特Bf-109战斗机是由德国生产的战斗机，它常常负责为重型轰炸机编队护航，尤其是在不列颠之战刚开始的时候。

哇！这真是一场精彩的航空展！

"喷火"Mk.XVI战斗机

亨克尔He-111轰炸机

亨克尔He-111轰炸机是由德国生产的中型轰炸机，它和英国的"喷火"战斗机都是不列颠之战的标志。

"喷火"Mk.XVI战斗机是英军装备的战斗机的主要机型，它是当时先进的单座战斗机，同时也是不列颠之战中的传奇战机。

嘿！快给我扔条绳子！

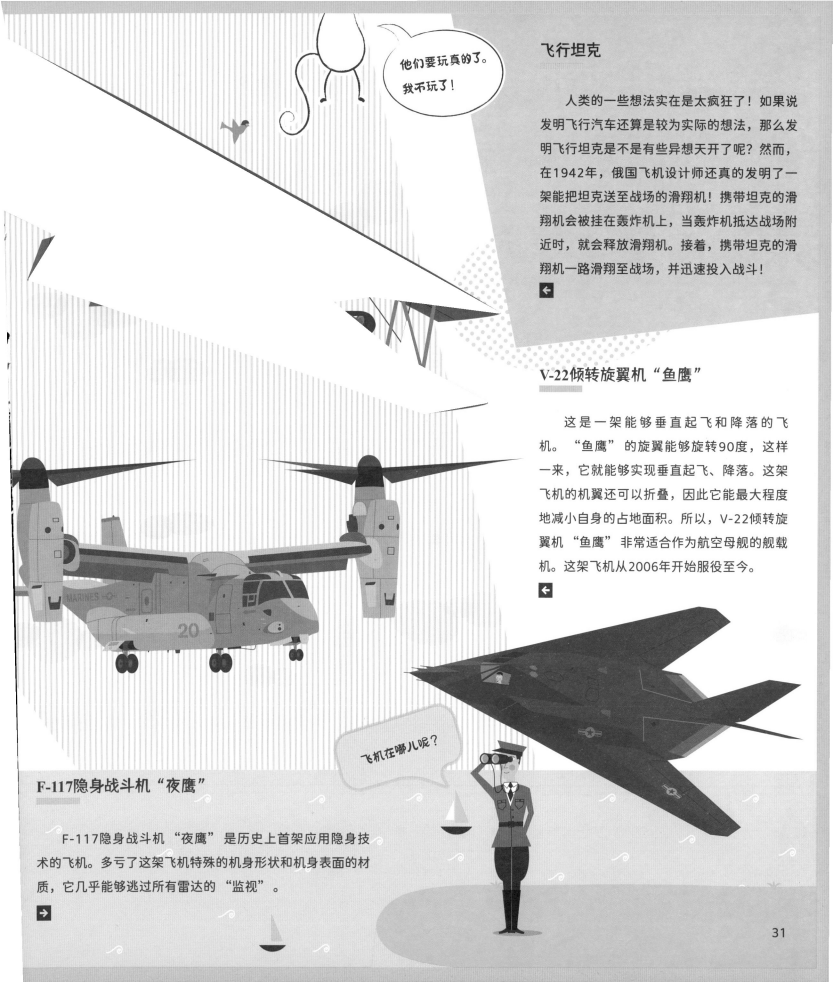

他们要玩真的了。我不玩了！

飞行坦克

人类的一些想法实在是太疯狂了！如果说发明飞行汽车还算是较为实际的想法，那么发明飞行坦克是不是有些异想天开了呢？然而，在1942年，俄国飞机设计师还真的发明了一架能把坦克送至战场的滑翔机！携带坦克的滑翔机会被挂在轰炸机上，当轰炸机抵达战场附近时，就会释放滑翔机。接着，携带坦克的滑翔机一路滑翔至战场，并迅速投入战斗！

←

V-22倾转旋翼机"鱼鹰"

这是一架能够垂直起飞和降落的飞机。"鱼鹰"的旋翼能够旋转90度，这样一来，它就能够实现垂直起飞、降落。这架飞机的机翼还可以折叠，因此它能最大程度地减小自身的占地面积。所以，V-22倾转旋翼机"鱼鹰"非常适合作为航空母舰的舰载机。这架飞机从2006年开始服役至今。

←

飞机在哪儿呢？

F-117隐身战斗机"夜鹰"

F-117隐身战斗机"夜鹰"是历史上首架应用隐身技术的飞机。多亏了这架飞机特殊的机身形状和机身表面的材质，它几乎能够逃过所有雷达的"监视"。

→

有趣的直升机

其实，我们在前面已经提到过好几次直升机了，你还记得我们第一次提到它是在什么时候吗？开动脑筋想一想……对啦！当然是在介绍天才发明家——达·芬奇的时候啦！除了达·芬奇，谁还能成为第一个想到发明直升机的人呢？但十分可惜的是，他"发明"的直升机只是一个模型。其实，古代的中国人早就通过一种玩具发现了直升机的飞行原理。没错！那就是我们在"人类飞行的开端"中提到的竹蜻蜓！

直升机的原理

你知道吗？直升机的升力可不是由机翼产生的，而是由旋翼产生的，旋翼也就是直升机的螺旋桨。除了产生升力，旋翼还负责产生推力，让直升机向前飞行。直升机的主旋翼在旋转时会产生扭矩，因此，必须在直升机尾部安装一个反方向旋转的旋翼，来抵消主旋翼产生的转矩，从而防止直升机在空中打转。

第一架适航直升机

几百年来，人们一直试图制造一架能够垂直起飞、降落的飞行器，但几乎每次尝试都失败了。直到20世纪30年代，这项发明才有了进展。1935年，法国飞机设计师路易斯·查尔斯·布雷盖发明的直升机成功升空。

FW61直升机

1936年，德国福克-乌尔夫公司生产的FW61直升机成功试飞。不过，这架直升机安装了交叉式双旋翼来代替尾桨。

VS-300直升机

伊戈尔·西科斯基是一名俄国飞机设计师，后来他移民到了美国并创立了一家飞机研发公司。西科斯基发明的第一架直升机——VS-300于1939年首次升空。
←

…
上升！
下降！
…

RAH-66武装直升机"科曼奇"

RAH-66武装直升机"科曼奇"是一架应用了隐身技术的直升机，所以，它和F-117隐身战斗机"夜鹰"一样可以逃过雷达的"监视"。
→

运输直升机

波音234直升机通常用于运输大型货物。这种直升机的机舱可以轻松地装下一台汽车，或者55名乘客，又或者12 000千克货物！
←

关于飞行汽车的畅想

哈、哈、哈、哈……

虽然飞机是一种十分快速的交通工具，但是它不能随随便便降落在马路上。所以，对于要短途出行的人来说，乘坐汽车是更好的选择。但是，如果哪天遇上了堵车，那么很遗憾，谁都没有办法让自己马上起飞、离开拥挤的道路。但是，如果汽车能飞的话，那汽车和飞机的优点就可以合为一体了！

电影《方托马斯》里的飞行汽车

不知道你有没有看过《方托马斯》系列电影？电影里的反派为了逃避追捕，驾驶着一辆看上去像飞机一样的汽车飞了起来。虽然这一场景看上去像是由制片人想象出来的，但它其实在现实中是有原型的！

康维尔118型飞行汽车

1947年，康维尔118型飞行汽车的原型样车成功起飞。虽然这台飞行汽车的后续研发被叫停了，但很明显，该产品的研发技术已经领先当时的科技数十年。

想象力

AeroMobil系列飞行汽车

斯洛伐克的飞机设计师研发了一款自带折叠机翼的飞行汽车。有了折叠机翼的飞行汽车不仅可以在普通的道路上行驶，还能在汽车加油站内加油。它的飞行距离可达700千米。

你见过会飞的奶酪吗？

飞机的故事就在这里告一段落啦！